Brooke Barker
Traurige Tierbabys

W0012392

GOLDMANN
Lesen erleben

Brooke Barker

Traurige Tierbabys

160 neue Fakten aus dem Tierreich

Aus dem Amerikanischen
von Martin Gierczak

GOLDMANN

Die amerikanische Originalausgabe erschien 2018 unter dem Titel
»Sad Animal Babies« bei Abrams, New York.

 Dieses Buch ist auch als E-Book erhältlich.

Verlagsgruppe Random House FSC® N001967

1. Auflage
Deutsche Erstausgabe Mai 2020
Copyright © 2018 der Originalausgabe: Brooke Barker
Copyright © 2020 der deutschsprachigen Ausgabe:
Wilhelm Goldmann Verlag, München,
in der Verlagsgruppe Random House GmbH,
Neumarkter Str. 28, 81673 München
Umschlag: Uno Werbeagentur, München
Redaktion: Ilka Zänger
Satz: Uhl + Massopust, Aalen
Druck und Bindung: Těšínská tiskárna, a.s. Český Těšín
Printed in Czech Republic
CH · CB
ISBN 978-3-442-17766-0

Besuchen Sie den Goldmann Verlag im Netz

Für meine Nichte Miles,
ein Menschenbaby

INHALT

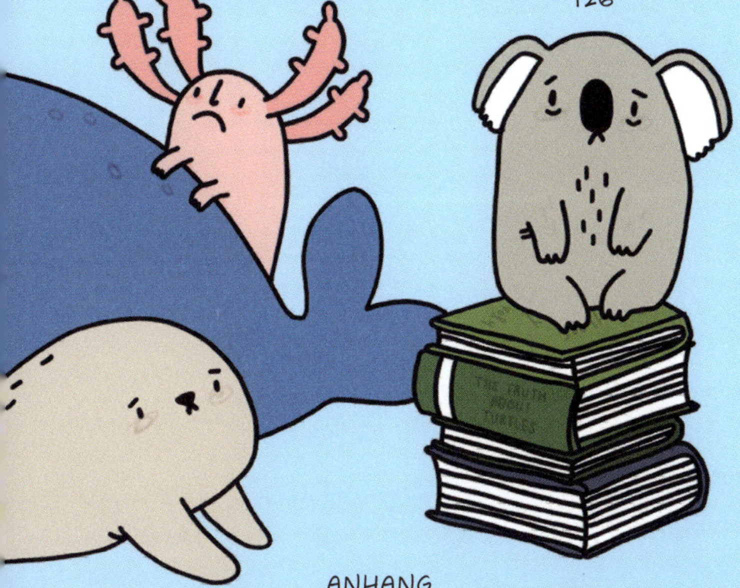

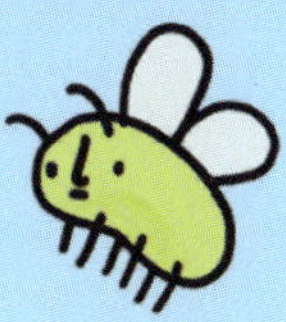

EINFÜHRUNG

Auch auf die Gefahr hin, meine ganze Glaubwürdigkeit als Autorin eines Buches über Babys zu verlieren, muss ich zugeben, dass ich mich kaum an meine eigene Babyzeit erinnere. Eigentlich überhaupt nicht. Aber ich habe vier jüngere Geschwister, und als sie aufwuchsen, war ich in der ersten Reihe mit dabei.

In der Zeit als meine jüngsten Schwestern, Drew und Bryn, geboren wurden, waren wir alle ein bisschen ungeduldig und brachten ihnen Zeichensprache bei. So konnten wir mit ihnen kommunizieren, noch bevor sie sprechen lernten. Die beiden wichtigsten Gebärden in ihrem Wortschatz waren »Keks« und »Noch einen!«. »Keks!«, begrüßte uns meine Schwester Bryn jeden Morgen stumm. »Noch einen Keks!«, pflichtete Drew bei, fröhlich auf ihre Handfläche zeigend. Es war nicht sehr schwer, ein menschliches Baby in unserer Familie zu sein.

Auch Tigersalamander kommen aus großen Familien, aber ihre Larven lernen keine Gebärdensprache. Täten sie es, wären Wörter und Wendungen wie »Kannibale« und »ausreichend starke Zähne, um Knochen zu zermalmen« hilfreich. Ich glaube nicht, dass wir meinen Schwestern diese Gebärden beigebracht haben. Sie waren jedenfalls nicht auf der Lern-DVD für Babyzeichensprache enthalten.

In den ersten paar Jahren eines Tierlebens gibt es nur wenig Kekse, dafür aber einen täglichen Kampf ums Überleben.

Genau jetzt, in irgendeinem ruhigen und sonnigen Raum, hört ein menschliches Baby gerade einer »Mozart für Babys«-Playlist zu.

Und genau jetzt, an einem entfernten Strand auf den Galapagosinseln, rennt ein frisch geschlüpfter Leguan um sein Leben, gejagt von einem Dutzend erwachsener Schlangen, die fast verhungert sind und alles, was sich bewegt, töten und fressen wollen. Der frisch geschlüpfte Leguan ist vielleicht nur ein paar Minuten alt, aber eine hungrige Schlange wird das Erste sein, was er im Leben sieht.

Im selben Moment, irgendwo anders auf der Welt, macht ein menschlicher Vater gerade seine Küche babysicher. Er bringt zum Beispiel eine Schubladensicherung an, um zu verhindern, dass das Baby an die Messer gelangen kann.

Gleichzeitig, in einem dunklen Wald voller Raubtiere, lässt eine Kaninchenmutter ihren Wurf von Neugeborenen den ganzen Tag allein. Ihre Umgebung ist ein Kaninchen-Horrorkabinett, vollgepackt mit Füchsen, Wölfen, Falken und schlechtem Wetter. Die Mutter lässt ihre Nachkommen mit nichts zurück, was sie schützen könnte – außer vielleicht ihren guten Wünschen.

Währenddessen fleht ein Babysitter ein menschliches Baby an, noch einen Löffel Karottenbrei zu essen.

Zum selben Zeitpunkt betritt ein Erdmännchenweibchen heimlich den Bau eines anderen Erdmännchenweibchens und frisst deren Kinder.

Tierbabys sind niedlicher als ihre erwachsenen Versionen, aber sie sind eben auch schwächer und langsamer. Sie stellen ein einfaches Ziel für alles Schlechte dar, das in einem Tierleben – das schon an sich schwierig ist – passieren kann. Wenn du also das nächste Mal ein Video von einem niesenden Pandajungen siehst, wirst du wissen, was dieses Pandajunge durchgemacht hat. Und das nächste Mal, wenn du eine Vogelmutter siehst, wirf ihr ein anerkennendes Nicken zu.

Es ist nichts Süßes daran, ein Tierbaby zu sein. Die Tierbabys selbst sind allerdings bezaubernd.

SÄUGETIERBABYS

KATZEN ERKENNEN IHRE GROSSELTERN NICHT.

KRANKE HUNDEWELPEN WERDEN VON IHREN ELTERN GEFRESSEN.

IN DER HÄLFTE ALLER
TODESFÄLLE BEI FERKELN
HAT SICH DIE MUTTER
VERSEHENTLICH AUF SIE GELEGT.

Könntest du
ein bisschen
rutschen?

MIT ZWEI JAHREN SIND MÄNNLICHE JAGUARE 50 PROZENT SCHWERER ALS WEIBLICHE.

AMEISENBÄREN SIND
IMMER EINZELKINDER.

NEUGEBORENE ELEFANTEN
KÖNNEN DIE BEWEGUNGEN
IHRES RÜSSELS NOCH NICHT
KONTROLLIEREN.

BABYS VON
MAUSOHRFLEDERMÄUSEN
HALTEN SICH AN IHREN
FLIEGENDEN ELTERN FEST.

Flieg schneller!
Ich will den Wind
in meinem Fell
spüren!

DACHSE ÖFFNEN DIE ERSTEN SECHS WOCHEN IHRES LEBENS IHRE AUGEN NICHT.

DIE RUFE VON ERWACHSENEN
BUSCHBABYS KLINGEN WIE DAS
WEINEN MENSCHLICHER BABYS.

WENN PANDAS ZWEI JUNGE
BEKOMMEN, WÄHLEN SIE EINS
AUS, DAS SIE AUFZIEHEN.

EICHHÖRNCHEN MERKEN
SICH DEN GERUCH IHRER
GESCHWISTER.

WÜHLMÄUSE PAAREN SICH
BEREITS MIT DREI WOCHEN.

NILPFERDE WIEGEN BEI IHRER
GEBURT BIS ZU 50 KILOGRAMM.

Das ist alles
Babyspeck.

SCHAKALE ERBRECHEN FUTTER UND BIETEN ES IHREN KINDERN AN. WENN DIE ES NICHT WOLLEN, FRESSEN SIE ES SELBST WIEDER AUF.

HASENMÜTTER VERMEIDEN
ES, VIEL ZEIT IN IHREM BAU
ZU VERBRINGEN, DAMIT IHRE
KINDER NICHT IHREN GERUCH
ANNEHMEN.

Schlimm genug,
dass sie meine
Ohren haben.

GORILLAELTERN SCHLAFEN MIT
IHREN KINDERN IN EINEM BETT
AUS BLÄTTERN.

Schlaf gut,
aber raschel
nicht so
laut!

FANALOKAS UNTERSTÜTZEN
IHRE ELTERN SCHON IM ALTER
VON ACHT TAGEN BEI DER
NAHRUNGSSUCHE.

Dein großer Bruder
hat in deinem Alter
schon mehr Mangos
gefunden.

FOHLEN LERNEN SCHON WENIGE
STUNDEN NACH IHRER GEBURT
ZU RENNEN.

ORANG-UTAN-MÜTTER LEGEN IHRE KINDER NIEMALS AB.

IN ACHTZEHN MONATEN
KÖNNEN ZWEI RATTEN UND IHRE
NACHKOMMEN EINE MILLION
BABYS HERVORBRINGEN.

STACHELSCHWEINE HABEN SCHON
WENIGE STUNDEN NACH IHRER
GEBURT SPITZE STACHELN.

MÄNNLICHE PUDUS BETEILIGEN
SICH NICHT AN DER AUFZUCHT
IHRER NACHKOMMEN.

Papa ist sehr
vornehm, er
siezt mich!

LÖWEN KÖNNEN NICHT BRÜLLEN, BIS SIE ZWEI JAHRE ALT SIND.

SPITZMÄUSE KAUEN SICH
GEGENSEITIG AN DEN
SCHWÄNZEN, WENN SIE ANGST
HABEN.

Ich fürchte, das gibt eine Narbe.

MAULTIERHIRSCHE REAGIEREN AUF DAS WEINEN VON BABYROBBEN.

DIE BABYS VON SCHABRACKENTAPIREN SEHEN AUS WIE WASSERMELONEN.

Ich dachte immer,
Wassermelonen
sehen aus wie ich.

DAS NEUNBINDEN-GÜRTELTIER BRINGT STETS VIERLINGE ZUR WELT.

Macht zusammen 36 Binden! Ich bin der Mathe-crack von uns vieren.

NACKTMULLE LASSEN IHRE HÖHERRANGIGEN GESCHWISTER ÜBER SICH DRÜBER LAUFEN.

EIN JUNGER ELCH MUSS SEINE
ELTERN VERLASSEN, WENN SIE
EIN WEITERES BABY BEKOMMEN.

Deine Mutter und ich haben eine gute und eine schlechte Nachricht.

FAULTIERE BRINGEN IHREN
KINDERN BEI, WELCHE
BÄUME BESONDERS GUT ZUM
DRANHÄNGEN SIND.

Diesen Baum
mag meine Mama
überhaupt nicht.

TÜPFELHYÄNEN WERDEN
MIT VOLL AUSGEBILDETEN
FANGZÄHNEN GEBOREN.

EISBÄRMÜTTER SIND NACH DER GEBURT IHRER JUNGEN ACHT MONATE LANG ZU BESCHÄFTIGT, UM ZU ESSEN.

SCHWARZBÄREN WERDEN IMMER IM WINTER GEBOREN.

KAMELBABYS HABEN
KEINE HÖCKER.

WENN EIN LANGUREN-MÄNNCHEN EIN RUDEL ÜBERNIMMT, TÖTET ES ALS ERSTES ALLE KINDER.

SIBIRISCHE TIGERINNEN TRAGEN IHRE BABYS AM NACKENFELL.

NEUGEBORENE OTTER KÖNNEN NICHT SCHWIMMEN. IHRE ELTERN ZERREN SIE INS WASSER, DAMIT SIE ES LERNEN.

MEERKATZEN VERBRINGEN DIE ERSTEN DREI LEBENSWOCHEN UNTER DER ERDE.

Na ja. Immerhin kein Sonnenbrand.

HIRSCHBABYS WERDEN OHNE EIGENGERUCH GEBOREN, SODASS RAUBTIERE SIE NICHT RIECHEN KÖNNEN.

ELEFANTEN-TEENAGER ÜBERNEHMEN HÄUFIG DAS SOZIALVERHALTEN IHRER MÜTTER.

Da wurde so viel ge-flucht in dem Film, furcht-bar.

GEPARDENBRÜDER BLEIBEN IHR LEBEN LANG ZUSAMMEN, GEPARDENSCHWESTERN TRENNEN SICH.

VOGELBABYS

EIN HAUSZAUNKÖNIG VERFÜTTERT TÄGLICH 500 SPINNEN AN SEINE KINDER.

EICHELSPECHTE HELFEN IHREN FAMILIEN NUR IN ZEITEN DES ÜBERFLUSSES.

WENN WANDERFALKEN-
GESCHWISTER JAGEN ÜBEN, MUSS
JEDER MAL DAS OPFER SPIELEN.

TRUTHÄHNE KÖNNEN SICH OHNE PAARUNG VERMEHREN.

MÄNNLICHE FLUGHÜHNER
TAUCHEN SICH INS WASSER,
DAMIT IHRE KINDER VON IHREN
FEDERN TRINKEN KÖNNEN.

So – wer
will was
Kaltes zu
trinken?

VOGELBABYS, DIE OHNE VATER
AUFWACHSEN, LERNEN NIE
RICHTIG ZU SINGEN.

FLAMINGOBABYS SIND GRAU UND ETWA SO GROSS WIE EIN TENNISBALL.

Meine Eltern lieben mich so, wie ich bin.

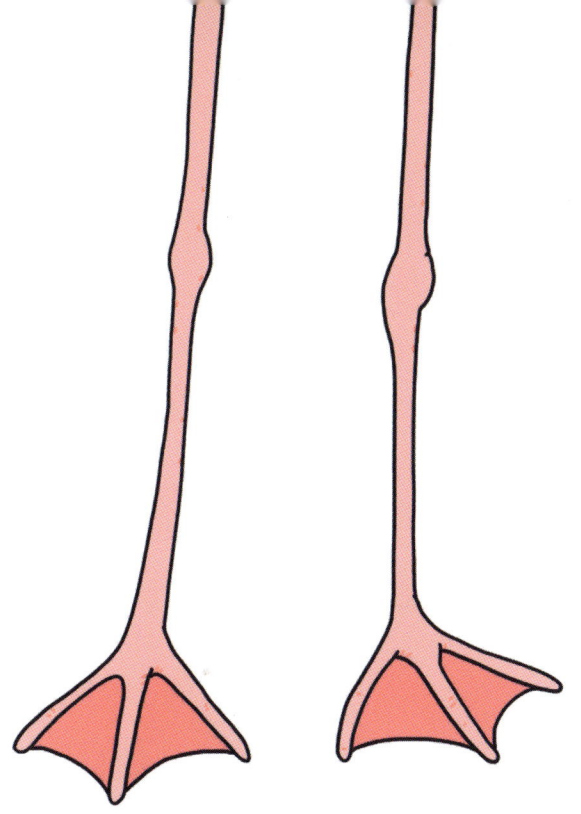

JUNGE BAUMHOPFE SPRITZEN FÄKALIEN AUF IHRE FEINDE.

TAUBENELTERN VERSTECKEN
IHRE KLEINEN BIS ZU EINEM
MONAT, NACHDEM SIE
GESCHLÜPFT SIND.

KIWI-EIER SIND IM VERHÄLTNIS
ZUR MUTTER SO GROSS,
DASS IHR ESSEN UND ATMEN
SCHWERFALLEN.

DER WANDERALBATROS BRAUCHT
LÄNGER ALS JEDER ANDERE
VOGEL, UM FLIEGEN ZU LERNEN.

WEIBLICHE SEEREGENPFEIFER
VERLASSEN IHRE PARTNER,
SOBALD DIE NACHKOMMEN
GESCHLÜPFT SIND.

KAISERPINGUINE WERDEN OHNE DAS TYPISCHE FRACKARTIGE FEDERKLEID GEBOREN.

STRAUSSE SIND NACH
SECHS MONATEN
VOLL AUSGEWACHSEN.

DIE MÜTTER VON ZEBRAFINKEN
SINGEN IHREN KINDERN ETWAS
VOR, WENN ES WARM WIRD.

Mama,
dieser Song
ist super
peinlich!

KUCKUCKE LEGEN IHRE EIER IN
DIE NESTER KLEINERER VÖGEL.
DIESE ZIEHEN DANN DIE VIEL
GRÖSSEREN KUCKUCKSKINDER
FÜR SIE AUF.

Meine Eltern
sind total
klein und
echt süß.

WEISSBÜRZEL-SALANGANE
LEGEN ZWEI EIER IN SO EINEM
ABSTAND, DASS DAS ÄLTERE
GESCHWISTERCHEN DAS JÜNGERE
AUSBRÜTEN KANN.

Ich wollte viel lieber einen Hund.

KUHREIHERBABYS TÖTEN EINANDER, WENN IHRE ELTERN NICHT HINSCHAUEN.

DER KEA SPIELT MEISTENS ALLEIN.

NESTER VON ZWERGKOLIBRIS SIND KLEINER ALS EINE WALNUSSSCHALE.

LUMMEN LEGEN NUR EIN
EINZIGES EI UND DAS AM RAND
EINER KLIPPE.

Wenn er über-
lebt, wird er
einen spektaku-
lären Ausblick
haben.

REPTILIENBABYS

NEUGEBORENE KOMODOWARANE KLETTERN BÄUME HOCH, SODASS IHRE ELTERN SIE NICHT ERREICHEN UND FRESSEN KÖNNEN.

SCHIENENECHSEN BRINGEN
NUR MÄDCHEN ZUR WELT.
DIESE SIND KLONE IHRER
MUTTER.

ALLIGATOREN WERDEN MIT
EINEM BESONDERS LANGEN
ZAHN GEBOREN.

EIN TAIPAN HAT GENUG GIFT, UM
EINEN ERWACHSENEN MENSCHEN
UMZUBRINGEN, ABER SEIN MAUL
IST SO KLEIN, DASS ER KAUM
EINE MAUS BEISSEN KANN.

MEERESSCHILDKRÖTEN ORIENTIEREN SICH BEIM SCHLÜPFEN AM MOND, UM ZUM WASSER ZU FINDEN.

SCHILDKRÖTEN WACHSEN OHNE ELTERN AUF.

KROKODILMÜTTER HALTEN IHRE
JUNGEN VORSICHTIG IM MAUL.

Gestern gabs Zaziki.

AMPHIBIENBABYS

KAULQUAPPEN WERDEN OHNE BEINE GEBOREN.

SCHWARZE ALPENSALAMANDER
LEBEN NUR ZEHN JAHRE, SIND
ABER DREI JAHRE TRÄCHTIG.

Ich bin im dreißigsten Monat.

MÄNNLICHE NASENFRÖSCHE BRÜTEN IHRE EIER IM MAUL AUS.

Was wäre, wenn ich eins aus Versehen verschluckt hätte? Ich frage für einen Freund.

JUNGE PANAMA-
STUMMELFUSSFRÖSCHE
SCHÜTZEN SICH MIT GIFTIGEN
HAUTAUSSCHEIDUNGEN.

TIGERSALAMANDER, DIE IN DICHT BEVÖLKERTEN GEBIETEN AUFWACHSEN, HABEN GROSSE KIEFER, UM IHRE GESCHWISTER FRESSEN ZU KÖNNEN.

DIE GROSSE WABENKRÖTE
ABSORBIERT IHRE EIER IN IHRER
RÜCKENHAUT, BIS DIE JUNGEN
BEREIT SIND ZU SCHLÜPFEN.

Gut, dass ich
eh lieber auf der
Seite schlafe.

AXOLOTL BLEIBEN IMMER IM LARVENSTADIUM.

INSEKTENBABYS UND VERSCHIEDENE WIRBELLOSE TIERBABYS

OHRWÜRMER KÜMMERN SICH NUR UM DIE BABYS, DIE AM BESTEN RIECHEN.

Aber ich rieche doch nach Chips und Videospielen!

KURZFLÜGLER MISCHEN SICH IN WANDERAMEISEN-GESELLSCHAFTEN UND FRESSEN DEREN NACHKOMMEN.

Hallo zusammen! Findet ihr es nicht auch klasse, eine Ameise zu sein und Ameisendinge zu tun?

BLATTLÄUSE KÖNNEN ALLE
20 MINUTEN IDENTISCHE KOPIEN
VON SICH HERVORBRINGEN.

KELLERSPINNEN FRESSEN NACH
DEM SCHLÜPFEN IHRE MÜTTER.

DAS ERSTE, WAS EINE
HONIGBIENE TUT, IST, IHREN
GEBURTSORT ZU REINIGEN.

SCHLEICHENLURCHE BENUTZEN IHRE ZÄHNE, UM AN DER HAUT IHRER MUTTER ZU KNABBERN.

Den Nachtisch gibt es erst, wenn du diesen Schorf gegessen hast!

DIE EIER VON MARIENKÄFERN SIND KLEINE, HILFLOSE KÜGELCHEN.

LARVEN VON MARIENKÄFERN
HABEN ÜBERALL AM KÖRPER
STACHELN.

WÄHREND IHRER VERPUPPUNG
WÄCHST MARIENKÄFERN EINE
DICKE HAUT MIT LAUTER BLASEN.

UND NACH VIER WOCHEN
SIND MARIENKÄFER VOLL
AUSGEWACHSEN.

Piep, piep, piep, wir haben uns alle lieb.

GARTENKREUZSPINNEN LEGEN
EIER IN EIN NETZ UND LASSEN
SIE DORT ALLEIN.

Das Spinnennetz
war mein erstes und
einziges Geburts-
tagsgeschenk.

WENN SICH SCHNECKEN PAAREN,
WERDEN BEI MANCHEN ARTEN
BEIDE SCHWANGER.

DER AMERIKANISCHE
TOTENGRÄBER BAUT SEIN NEST
IN DER NÄHE VON TOTEN VÖGELN
ODER MÄUSEN.

Das Einzige,
was unser
Zuhause noch
braucht, ist ein
Lufterfrischer.

KRAKEN UMARMEN IHRE KINDER, UM SIE ZU PUTZEN.

SCHWARZE WITWEN ERNÄHREN
IHRE BABYS MIT EINER
FLÜSSIGKEIT AUS IHREM MAUL.

Ich glaube,
ich bin jetzt
groß genug für
feste Nahrung.

ZWEIGESTREIFTE
QUELLJUNGFERN VERBRINGEN
DIE ERSTEN FÜNF JAHRE IHRES
LEBENS VERGRABEN IN FLACHEM
WASSER.

Dann doch
lieber
Tagesmutter.

JUNGE SEESTERNE HABEN
KEINE KONTROLLE DARÜBER,
IN WELCHE RICHTUNG SIE
SCHWIMMEN.

BEUTELTIERBABYS
(SIND ÜBRIGENS
AUCH SÄUGETIERE)

EIN NEUGEBORENER KOALA
IST SO GROSS WIE EIN
GUMMIBÄRCHEN.

BEUTELTEUFEL HABEN BIS ZU
30 BABYS, DIE IM BEUTEL IHRER
MUTTER KÄMPFEN, BIS NUR EIN
PAAR WENIGE ÜBERLEBENDE
HERAUSKLETTERN.

Wenn ihr
nicht sofort
aufhört, stelle
ich mich auf
den Kopf.

KÄNGURUMÜTTER MÜSSEN STÄNDIG FÄKALIEN AUS IHREN BEUTELN ENTFERNEN.

WENN EINEM AMEISENIGEL STACHELN ZU WACHSEN ANFANGEN, BRINGT IHN SEINE MUTTER IN EINEN BAU UND BESUCHT IHN NUR ZWEIMAL DIE WOCHE, UM IHN ZU FÜTTERN.

Ich will gar nicht daran denken, was du wohl machst, wenn du hier allein bist.

SCHNABELTIERE GEHÖREN
ZU DEN WENIGEN SÄUGETIEREN,
DIE EIER LEGEN.

SCHWIMMBEUTLER KÖNNEN MIT IHREN BABYS IM BEUTEL SCHWIMMEN, DA ER WASSERDICHT IST.

NUMBATS HABEN KEINE BEUTEL, ABER IHNEN WÄCHST ZUSÄTZLICHES HAAR AM BAUCH, MIT DEM SIE IHRE JUNGEN BESCHÜTZEN UND WARM HALTEN KÖNNEN.

Wie Extensions, nur eben am Bauch.

NEUGEBORENE HONIGBEUTLER
SIND WINZIG KLEIN UND
WIEGEN WENIGER ALS EIN
ZUCKERSTREUSEL.

FISCHBABYS

KAMPFFISCHE WERDEN VON
IHREN VÄTERN AUFGEZOGEN,
WEIL IHRE MÜTTER VERSUCHEN,
SIE ZU FRESSEN.

DAS VERHALTEN VON MEERBRASSEN WIRD VON IHRER CLIQUE BEEINFLUSST.

Wenn alle meine Freunde unter eine Brücke schwimmen, würde ich es auch tun.

ZEBRAHAIE LEGEN IHRE EIER IM MEER UND SCHWIMMEN DANN DAVON.

DISKUSFISCHE ERNÄHREN IHRE NACHKOMMEN MIT EINEM SCHLEIM, DER AUS IHRER HAUT KOMMT.

SEEPFERDCHENBABYS WERDEN
MANCHMAL VON STARKEN
STRÖMUNGEN WEGGESPÜLT.

LACHSE KEHREN IMMER AN IHREN GEBURTSORT ZURÜCK.

FRANZOSEN-KAISERFISCHE SIND NIEMALS ALLEIN.

WAL- UND ROBBENBABYS

POTTWALE WECHSELN SICH BEIM BABYSITTEN AB.

DIE ZITZEN VON SEEKÜHEN BEFINDEN SICH UNTER IHREN SCHWIMMFLOSSEN.

SCHWERTWALE SCHLAFEN DIE ERSTEN MONATE IHRES LEBENS NICHT.

Jeder Wal kann schlafen lernen.

DIE MILCHZÄHNE VON DELFINEN SIND FÜRS KÄMPFEN AUSGELEGT, NICHT FÜRS KAUEN.

Obwohl ich Essen viel besser finde als Kämpfen.

SEELÖWENBABYS VERWENDEN SAND ALS SONNENCREME.

JUNGE WALROSSE SPIELEN
GERNE MIT TOTEN VÖGELN.

SATTELROBBEN KÖNNEN IHRE
BABYS IN EINER GROSSEN GRUPPE
AM GERUCH ERKENNEN.

GRINDWALE WERDEN MIT HAAREN GEBOREN, VERLIEREN SIE ABER NACH EIN PAAR TAGEN.

ANHANG

SÄUGETIERBABYS

KATZEN erkennen ihre Großeltern nicht. Hauskatzen richten selten Familienfeiern aus. Aber selbst wild lebende Katzen, die ihre Verwandten grundsätzlich aufsuchen könnten, vergessen ihre Großeltern, falls sie als Kätzchen von ihnen getrennt wurden. Sie würden höchstens merken, dass ihre Großeltern ähnlich riechen wie sie.

Kranke HUNDEWELPEN werden von ihren Eltern gefressen. Die meisten Menschen finden, dass fast nichts auf der Welt süßer ist als ein Hundebaby, selbst wenn es krank ist. Aber für hungrige Hunde-Eltern sieht ein kranker Welpe nach einer prima Quelle für Proteine und andere Nährstoffe aus.

In der Hälfte aller Todesfälle bei FERKELN hat sich die Mutter versehentlich auf sie gelegt. Obwohl Todesfälle durch versehentliches Zerquetschen häufig sind, trifft das nicht auf alle Schweine zu. Norwegische Forscher untersuchten Videoaufnahmen von Schweinefamilien und teilten daraufhin Säue in »Zerquetscher« und »Nicht-Zerquetscher« ein. Die »Nicht-Zerquetscher« reagierten schneller auf die Bedürfnisse der Ferkel, wurden ängstlich, als sie von ihren Familien getrennt wurden, und zerquetschten keines der Ferkel, indem sie sich versehentlich auf sie legten oder rollten. »Zerquetscher« dagegen pflegten einen lockereren Erziehungsstil.

Mit zwei Jahren sind männliche JAGUARE 50 Prozent schwerer als weibliche. Jaguare haben Würfe mit ein bis vier Jungen. Ihre Babys sind bei der Geburt blind und hilflos. Junge Jaguare wiegen weniger als ein Kilogramm und verbringen die ersten beiden Jahre ihres Lebens damit, von ihren Müttern das Jagen zu lernen. Erwachsene Jaguare wiegen zwischen 45 und 90 Kilogramm.

AMEISENBÄREN sind immer Einzelkinder. Ameisenbär-Eltern tragen ihre Nachkommen auf dem Rücken, bis die Kleinen ein Jahr alt sind. Ein Ameisenbärrücken bietet leider nur einem einzigen Baby genug Platz.

Neugeborene ELEFANTEN können die Bewegungen ihres Rüssels noch nicht kontrollieren. Ein Rüssel ist ein kompliziert zu bedienender Körperteil. Er enthält über fünfzigtausend verschiedene Muskeln. Babyelefanten üben, indem sie versuchen, damit andere Elefanten anzufassen, Bäume zu berühren oder ihr eigenes Maul zu betasten.

Babys von MAUSOHRFLEDERMÄUSEN halten sich an ihren fliegenden Eltern fest. Die Babys wiegen bei ihrer Geburt so viel wie eine Pennymünze und halten sich an ihren Eltern fest, wenn diese nachts auf Nahrungssuche sind.

DACHSE öffnen die ersten sechs Wochen ihres Lebens ihre Augen nicht. Dachse leben in unterirdischen Bauen. Selbst wenn sie erwachsen sind, ist ihr Sehvermögen nicht sehr ausgeprägt.

Die Rufe von erwachsenen BUSCHBABYS klingen wie das Weinen menschlicher Babys. Buschbabys sind nachtaktiv. Ihr unheimliches Rufen klingt, als würde nachts im Wald ein menschliches Baby weinen. Allerdings krächzen, pfeifen und gackern sie auch und klingen dabei überhaupt nicht nach Menschenbabys.

Wenn PANDAS zwei Junge bekommen, wählen sie eins aus, das sie aufziehen. Einen neugeborenen Panda großzuziehen ist bezaubernd, aber auch herausfordernd. Pandababys sind fast vollkommen hilflos. Erwachsene Pandas brauchen 13 Kilogramm Bambus am Tag. Pandamüttern bleibt daneben nicht viel Zeit. Ohne genug Milch und die Kraft, sich um zwei Babys zu kümmern, entscheiden sich Pandaeltern schnell für den stärkeren ihrer Zwillinge.

EICHHÖRNCHEN merken sich den Geruch ihrer Geschwister. Die Wissenschaftlerin Jill Mateo präparierte Plastikwürfel mit dem Geruch verschiedener Eichhörnchen und legte die Würfel neben deren Baue. Wenn Eichhörnchen an Würfeln vorbeigingen, die nach ihren Geschwistern rochen, gingen sie unbeeindruckt vorbei. Bei Würfeln, deren Geruch sie nicht kannten, verbrachten sie mehr Zeit.

Mateo interessierte sich besonders dafür, dass auch Goldmantelziesel ihre Geschwister erkennen. Goldmantelziesel ignorieren nämlich normalerweise Familienmitglieder, wenn diese in Not sind.

WÜHLMÄUSE paaren sich bereits mit drei Wochen. Wühlmäuse bekommen in der Regel dreimal im Jahr Nachkommen, jeweils zwischen März und Oktober.

NILPFERDE wiegen bei ihrer Geburt bis zu 50 Kilogramm. Ein erwachsenes Nilpferd wiegt bis zu 1800 Kilogramm. Die lateinische Bezeichnung »Hippopotamus« bedeutet »Flusspferd«. Das hat nichts mit dem Gewicht zu tun. Ich fand einfach, dass »Flusspferd« ein interessanter Name ist.

SCHAKALE erbrechen Futter und bieten es ihren Kindern an. Wenn die es nicht wollen, fressen sie es selbst wieder auf. Schakal-Eltern suchen nach Futter. Sie fressen das Futter, bringen es, sicher in ihrem Magen zwischengelagert, nach Hause und erbrechen es dann, um zu sehen, ob ihre Kinder es wollen. Sie fressen dann mit Vergnügen das, was übrig bleibt. Nur dass es sich bei dem, was übrig bleibt, in der Regel nicht um Pizzaränder oder Brokkoli handelt, sondern um vorverdautes Zebra oder Antilopenkadaver.

HASENMÜTTER vermeiden es, viel Zeit in ihrem Bau zu verbringen, damit ihre Kinder nicht ihren Geruch annehmen. Winzige neugeborene Hasen haben keinen Eigengeruch, was sie vor Raubtieren schützt. Damit sie sicher bleiben, besucht ihre Mutter sie nur einmal am Tag, um ihnen Futter zu bringen. Sie ignoriert alle Anfragen für Kuscheleinheiten oder eine Gutenachtgeschichte und bleibt nie länger als zwei Minuten.

GORILLAELTERN schlafen mit ihren Kindern in einem Bett aus Blättern. Vögel und Reptilien sind nicht die einzigen Tiere, die Nester bauen, aber Gorillas lernen von ihren Eltern, wie man ein Nest baut, und wissen es nicht instinktiv.

FANALOKAS unterstützen ihre Eltern schon im Alter von acht Tagen bei der Nahrungssuche. Die meisten Fleischfresser sind mehrere Wochen alt, bevor sie anfangen zu jagen, zu laufen oder auch nur zu sehen, aber nach nur acht Tagen sind Fanalokas bereit, ihren Eltern bei der Suche nach Mangos oder Käfern zu helfen.

FOHLEN lernen schon wenige Stunden nach ihrer Geburt zu rennen. Neugeborene Pferde verschwenden keine Zeit. Manche versuchen schon 15 Minuten, nachdem sie geboren wurden, aufzustehen. Meistens können sie nicht viel später auch schon laufen und etwas unbeholfen rennen.

ORANG-UTAN-MÜTTER legen ihre Kinder niemals ab. Orang-Utan-Mütter tragen ihre Babys die ganze Zeit und ziehen sie mindestens acht Jahre lang auf.

In achtzehn Monaten können zwei RATTEN und ihre Nachkommen eine Million Babys hervorbringen. Eine weibliche Ratte kann mehr als fünfzig Ratten im Jahr zur Welt bringen (bis zu sieben Trächtigkeiten im Jahr, jedes Mal mit acht Jungen), und die Hälfte dieser Babys kann vier Monate später selbst Nachkommen zur Welt bringen. Wenn dich die Vorstellung von einer Million Rattenbabys beunruhigt, stell sie dir als Rattenwelpen vor. Das klingt zumindest ein bisschen niedlicher.

STACHELSCHWEINE haben schon wenige Stunden nach ihrer Geburt spitze Stacheln. Stachelschweine können mehr als 30.000 Stacheln haben. Die Stacheln von neugeborenen Stachelschweinen sind bei der Geburt noch weich, das ändert sich aber sehr schnell.

Männliche PUDUS beteiligen sich nicht an der Aufzucht ihrer Nachkommen. Pudus können im Zickzack laufen, um Raubtieren zu entkommen, können aus dem Geruch des Windes schließen, in welcher Richtung Futter zu finden ist, können rennen und sprinten, aber männliche Pudus tragen nichts zum Aufziehen ihrer Kinder bei.

LÖWEN können nicht brüllen, bis sie zwei Jahre alt sind. Löwenwelpen fangen an, Geräusche zu machen, sobald sie geboren sind, und manche sogar bei ihrer Geburt, aber diese Geräusche sind kein Brüllen. Stattdessen miauen sie für etwa ein Jahr, bevor sie in der Lage sind, Erwachsene nachzuahmen. Mit zwei Jahren ist ihr Brüllen ausgereift. Das Brüllen eines Löwen kann man bis zu acht Kilometer weit hören, und sie nutzen es, um ihre Jungen und ihr Territorium zu verteidigen.

SPITZMÄUSE kauen sich gegenseitig an den Schwänzen, wenn sie Angst haben. Wenn Spitzmäuse merken, dass Gefahr droht, formen sie eine Reihe und bewegen sich gemeinsam, um sicher zu sein. Jedes Geschwisterchen beißt in den Schwanz des Bruders oder der Schwester vor sich.

MAULTIERHIRSCHE reagieren auf das Weinen von Babyrobben. Alle Babyrufe von Tieren klingen für menschliche Ohren ziemlich gleich. Aber die Tiere selbst können sie unterscheiden – oder? Nein, auch für Tiere hören sie sich ähnlich an. Biologin Susan Lingle von der Universität von Winnipeg nahm eine Vielzahl von Rufen neugeborener Säugetiere auf und spielte die Aufnahmen mit versteckten Lautsprechern in der kanadischen Prärie ab. Maultierhirsche, die die Rufe hörten, liefen zu den Geräuschen hin, um zu helfen, unabhängig davon, ob sie zu einem jungen Hirsch gehörten oder zu einer jungen Robbe, einer Katze oder sogar einem Menschen.

Die Hirsche reagierten allerdings nicht, wenn die Forscher Rufe von erwachsenen Tieren oder Menschen abspielten.

Die Babys von SCHABRACKENTAPIREN sehen aus wie Wassermelonen. Erwachsene Tapire sind schwarz mit einem weißen Band in der Mitte, aber junge Schabrackentapire tragen ein Wassermelonenmuster, welches verblasst, wenn sie ein Jahr alt sind. In dem Zoo, neben dem ich aufgewachsen bin, brachte ein Schabrackentapir vor ein paar Jahren ein Junges zur Welt. Ich war so begeistert, dass ich hinfuhr, um mir das Baby anzuschauen. Ich besuchte den Zoo an einem Mittwoch, und es stellte sich heraus, dass man das Baby mittwochs nicht besuchen konnte. Als ich das nächste Mal hinging, war der Tapir bereits erwachsen. Das ist sowohl deswegen traurig, weil ich kein Tapirbaby gesehen habe, als auch weil es zeigt, wie selten ich meine Familie besuche.

Das NEUNBINDEN-GÜRTELTIER bringt stets Vierlinge zur Welt. Eine Gürteltierzygote teilt sich in vier Teile, was bedeutet, dass jedes Gürteltierbaby ein Vierling ist. Wenn ein weibliches Gürteltier nicht bereit ist, Vierlinge zu bekommen, kann sie ihre Schwangerschaft verzögern. Der beste Zeitpunkt, um trächtig zu werden, ist für ein Gürteltier im November. Deshalb verzögern Gürteltiermütter die Entwicklung des Embryos manchmal um bis zu vier Monate. Auf diese Weise stellen sie sicher, dass sie im November trächtig werden und im März gebären, unabhängig

davon, wann sie sich gepaart haben. Neunbinden-Gürteltiere, die Mathe mögen, wird es vielleicht interessieren zu erfahren, dass nicht alle von ihnen neun Binden haben; es variiert zwischen sieben und elf.

NACKTMULLE lassen ihre höherrangigen Geschwister über sich drüber laufen. Nacktmullfamilien leben in dunklen Tunneln, die nur breit genug für einen Nacktmull sind. Und nicht alle Nacktmulle sind gleich – die Familien haben eine komplizierte Hierarchie. Manche Familienmitglieder haben eine höhere Stellung als andere. Wenn zwei Geschwister einander begegnen, legt sich das Geschwisterchen mit dem niedrigeren Status auf den Boden des Tunnels, und das höherrangige läuft über es drüber, um zu dem ach so wichtigen Ort zu gelangen, zu dem es anscheinend gerade so dringend hinmuss.

Ein junger ELCH muss seine Eltern verlassen, wenn sie ein weiteres Baby bekommen. Elchmütter bekommen ein Junges pro Jahr. Wenn das Jahr um ist, werden sie wieder trächtig, und unmittelbar bevor sie wieder gebären, werfen sie ihr vorheriges Kind raus. Kris Hundertmark, ein Wildtierbiologe in Alaska, bemerkte, dass das jedes Jahr vorkommt. Die Jungen begreifen nicht, was gerade passiert, und wollen ihre Familie nicht verlassen. Manchmal bleibt das ältere Elchkind noch in der Nähe und folgt seiner Mutter und seinem neuen Geschwisterchen in einem sicheren, traurigen Abstand.

FAULTIERELTERN bringen ihren Kindern bei, welche Bäume besonders gut zum Dranhängen sind. Faultierbabys verbringen das erste Jahr ihres Lebens mit ihrer Mutter und lernen, welche Bäume in der Umgebung sie am liebsten mag. Als Erwachsene suchen sie häufig dieselben Bäume auf, immer wieder von einem Lieblingsbaum zum anderen wechselnd.

TÜPFELHYÄNEN werden mit voll ausgebildeten Fangzähnen geboren. Tüpfelhyänen sind von Geburt an bösartig. Eine junge Tüpfelhyäne wird jeden Gegenstand attackieren, der ungefähr so groß ist wie ihre Geschwister, und wird sogar seine Brüder und Schwestern angreifen, bevor diese die Fruchtblase verlassen haben.

EISBÄRMÜTTER sind nach der Geburt ihrer Jungen acht Monate lang zu beschäftigt, um zu essen. Ein trächtiger Eisbär gräbt eine Kuhle im Schnee und beginnt, sich einen Vorrat anzufressen. Manchmal nehmen Eisbären dabei bis zu 90 Kilogramm zu. Sobald die Jungen geboren sind, brauchen sie ununterbrochene Pflege, und die Mütter sind dann zu beschäftigt, um selbst zu essen.

SCHWARZBÄREN werden immer im Winter geboren. Im Januar, um genau zu sein.

KAMELBABYS haben keine Höcker. Trampeltiere haben zwei Höcker, und Dromedare haben einen, aber alle Kamelbabys werden ohne Höcker geboren. Stattdessen haben sie nur einen traurigen Fleck Lockenhaare dort, wo ein Höcker sein sollte. Es gibt nicht viel Informationen darüber, in welchem Jahr Kamelen ein Höcker wächst, also rief ich Kamelenmelkerij Smits an, eine Kamelfarm, die ein paar Stunden entfernt von mir in der ländlichen niederländischen Gegend liegt, und ich sprach mit Linda. Sie wusste es nicht mit absoluter Sicherheit, aber den meisten Kamelen auf ihrer Farm begann etwa eine Woche nach der Geburt ein Höcker zu wachsen.

Wenn ein LANGURENMÄNNCHEN ein Rudel übernimmt, tötet es als Erstes alle Kinder. Die Wissenschaftlerin Sarah Hardy entdeckte diese Tatsache, während sie Indische Languren in den frühen 1970ern untersuchte. Wenn ein neuer Rudelführer übernimmt, tötet er schnell alle Kinder, sodass die nächste Generation der Languren seine eigenen Nachkommen sein werden (statt denjenigen des vorangegangenen Rudelführers). Seit Hardys Entdeckung wurde das gleiche traurige Muster auch bei anderen Säugetieren sowie bei Fischen und Insekten entdeckt.

SIBIRISCHE TIGERINNEN tragen ihre Babys am Nackenfell. Eine Tigermutter wacht darüber, dass ihre Kinder alle an einem Ort sind. Sie verbringt die ersten zwei Wochen ihres Lebens damit, auf sie aufzupassen, und verlässt sie nicht einmal zum Jagen. Wenn die Tigermutter sie an einen neuen Ort bringen muss, beißt sie ihnen vorsichtig in den Nacken und hebt sie hoch.

Neugeborene OTTER können nicht schwimmen. Ihre Eltern zerren sie ins Wasser, damit sie es lernen. Otter werden mit geschlossenen Augen geboren, und sie sind hilf- und ahnungslos. Wenn sie ein paar Wochen alt sind, geben ihre Eltern ihnen Schwimmunterricht, indem sie die Jungen ins Wasser schubsen. Otter treiben stets zurück zur Wasseroberfläche, also drücken ihre Eltern sie wieder nach unten.

MEERKATZEN verbringen die ersten drei Lebenswochen unter der Erde. Neugeborene Meerkatzen sind haarlos und öffnen ihre Augen erst nach zwei Wochen. Die älteren Meerkatzen wechseln sich beim Babysitten ab, bis die jüngeren alt genug sind, um zur Erdoberfläche zu klettern.

HIRSCHBABYS werden ohne Eigengeruch geboren, sodass Raubtiere sie nicht riechen können. Keinen Eigengeruch zu haben ist eine Superheldenfähigkeit, die ermöglicht, dass Rehkitze in einem Wald voller Raubtiere sicher und versteckt sind. Gleichzeitig helfen ihre weißen Fellflecken ihnen, nicht aufzufallen, wenn sie still und geruchlos in ihren Nestern auf dem Waldboden liegen.

ELEFANTEN-TEENAGER übernehmen häufig das Sozialverhalten ihrer Mütter. Elefantengemeinschaften werden in der Regel von einem starken Weibchen in seinen Dreißigern geführt. Shifra Goldenberg und andere Wissenschaftler des Samburu National Reserve in Kenia beobachten eine traurige und interessante Gruppe junger Elefanten, deren Eltern von Wilderern getötet wurden. Ohne die naturbestimmte Gruppenführerin wurde die Gruppe von einer Teenagermatriarchin geführt, der Tochter der ehemaligen Führerin. Wissenschaftler haben herausgefunden, dass die Töchter von extrovertierten und beliebten Elefanten selbst auch extrovertiert und beliebt werden. Töchter von stilleren Elefanten, die gerne für sich alleine bleiben, werden hingegen selbst still.

GEPARDENBRÜDER bleiben ihr Leben lang zusammen. GEPARDENSCHWESTERN trennen sich. Gepardengeschwister jagen eine Weile gemeinsam, bevor die Schwestern unter ihnen getrennte Wege gehen, um neue Freunde zu finden.

VOGELBABYS

Ein HAUSZAUNKÖNIG verfüttert täglich 500 Spinnen an seine Kinder. Die Kindheit eines Hauszaunkönigs beinhaltet eine Menge Spinnen. Ihre Eltern weben Spinneneinester in das Nest, sodass die Spinnenbabys und die Hauszaunkönige gleichzeitig schlüpfen. Ein Bett mit Hunderten von kleinen Spinnen würde mir Alpträume bereiten, aber zumindest gäbe es in einem solchen Bett vermutlich kaum anderes Ungeziefer.

EICHELSPECHTE helfen ihren Familien nur in Zeiten des Überflusses. Ein ganzes Dorf ist nötig, um einen Eichelspecht aufzuziehen. Tanten, Onkel und Großeltern helfen mit. Wissenschaftler gingen davon aus, dass dies der Fall ist, damit die Vögel einander in schwierigen Zeiten helfen können. Kürzlich hat man aber herausgefunden, dass das Gegenteil der Fall ist: Die erweiterte Familie hilft nur dann aus, wenn es ihnen gut geht und jeder ein bisschen Zeit übrig hat.

Wenn WANDERFALKEN-GESCHWISTER jagen üben, muss jeder mal das Opfer spielen.
Die Geschwister greifen einander mit 160 km/h an. Das viele Üben hilft ihnen, andere Vögel in der Luft jagen zu können, wenn sie älter sind.

TRUTHÄHNE können sich ohne Paarung vermehren. Vermehrung ohne Paarung wird Parthenogenese genannt. Ein Tier ist in der Lage, nur mit seiner eigenen DNA – mal auf die eine, mal auf die andere Weise durchgemischt – ein Baby zu bekommen. Parthenogenese tritt manchmal auf, wenn ein Tier großem Stress ausgesetzt ist.

Männliche FLUGHÜHNER tauchen sich ins Wasser, damit ihre Kinder von ihren Federn trinken können. Flughuhnfamilien leben in trockenen Umgebungen, und ihre Kinder sind immer durstig. Ein Flughuhnvater fliegt bis zu 32 Kilometer weit, um eine Pfütze mit ein bisschen Wasser zu finden. Dort watet er hinein und schüttelt sich, um so viel Wasser wie möglich aufzusaugen. Er nimmt es in den saugstarken Federn an seinen Beinen auf. Dann fliegt er mit ungefähr zwei Esslöffeln Wasser nach Hause. Seine Küken trinken von den Federn ihres Vaters.

VOGELBABYS, die ohne Vater aufwachsen, lernen nie richtig zu singen. Vogelväter bringen ihren Küken wichtige Lieder bei. Küken, die alleine aufwachsen, kriegen es nie so richtig hin.

FLAMINGOBABYS sind grau und etwa so groß wie ein Tennisball. Die flauschigen, farblosen Küken verbringen die erste Woche ihres Lebens im Nest.

Junge BAUMHOPFE spritzen Fäkalien auf ihre Feinde. Erwachsene sind außerdem dazu in der Lage, furchtbar stinkende Chemikalien zu verspritzen. Doch die Küken beginnen mit dem, was ihnen zur Verfügung steht.

TAUBENELTERN verstecken ihre Kleinen bis zu einem Monat, nachdem sie geschlüpft sind. Die wehrlosen Babys geheim zu halten schützt sie vor Raubtieren.

KIWI-EIER sind im Verhältnis zum Körper der Mutter so groß, dass ihr Essen und Atmen schwerfallen. Ein Kiwi ist in etwa so groß wie ein Huhn, aber ihre Eier sind zehnmal so groß wie Hühnereier. »Warum?«, fragst du jetzt vielleicht. (Und ein Kiwi würde das sicher auch gerne wissen.) Einer veralteten Theorie zufolge war der Kiwi früher sehr viel größer, eher so groß wie ein Emu, und entwickelte sich dann nach und nach zu der heutigen Kiwigröße zurück, während seine Eier die Emu-Ei-Größe behielten. 2010 war diese Theorie so gut wie widerlegt, als ein enger Verwandter des Kiwis sich als ebenso kleiner Vogel herausstellte. Was auch immer der Grund ist, ein großes Ei bedeutet auch ein großes Eigelb, was wiederum heißt, dass Kiwibabys von Geburt an bereit sind, vor Raubtieren um ihr Leben zu rennen.

**Der WANDERALBATROS braucht länger als jeder
andere Vogel, um fliegen zu lernen.** Die Spann-
weite seiner Flügel ist mit über drei Metern größer
als die von jedem anderen Vogel. Seine riesigen Flügel erlauben ihm, stundenlang zu segeln, ohne mit
ihnen schlagen zu müssen. Aber es kann auch bis
zu zehn Monate lang dauern, bis er gelernt hat, sie
richtig zu benutzen.

**Weibliche SEEREGENPFEIFER verlassen ihre Part-
ner, sobald die Nachkommen geschlüpft sind.**
Mütter von Regenpfeifern verlassen ihre neugeborenen Küken, um eine neue Familie zu gründen. Die
Regenpfeiferväter bleiben da und ziehen die Kinder
alleine groß. Wenn die Küken ausgewachsen sind,
sucht sich der Vater eine neue Partnerin – die vermutlich gerade ihr eigenes Nest voller neugeborener
Küken verlassen hat.

**KAISERPINGUINE werden ohne das typische frack-
artige Federkleid geboren.** Ihre schwarz-weiße
Farbe erscheint erst später im Leben. Ihre Kindheit
verbringen sie dagegen in düster-graue Federn ge-
kleidet.

**STRAUSSE sind nach sechs Monaten voll ausge-
wachsen.** Straußenbabys sind nicht größer als Hüh-
ner, aber schon nach sechs Monaten sind sie über
zwei Meter groß.

Die Mütter von ZEBRAFINKEN singen ihren Kindern etwas vor, wenn es warm wird. Wenn die Temperatur steigt und es nach einem besonders heißen Sommer aussieht, wartet eine Zebrafinkenmutter, bis sie mit ihren Eiern alleine ist, und singt dann ein schnelles, schrilles Lied. Wenn die Küken dieses Lied hören, bereiten sie sich auf die Hitze vor und wachsen langsamer, als sie es sonst tun würden. Klein zu bleiben erleichtert es ihnen, ihre Körpertemperatur niedrig zu halten. Dieses besondere Lied zu hören, bevor sie schlüpfen, trägt möglicherweise auch dazu bei, dass die Küken die Art ändern, wie ihr Körper auf Hitze reagiert.

KUCKUCKE legen ihre Eier in die Nester kleinerer Vögel. Diese ziehen dann die viel größeren Kuckuckskinder für sie auf. Kuckucke wählen kleine, leicht zu täuschende Vögel aus — zum Beispiel Heckenbraunellen —, damit diese ihre Kinder für sie aufziehen. Ein Kuckuckselternteil sucht nach einem geeigneten fremden Nest, wirft dort ein Ei heraus und ersetzt es mit einem eigenen. Die Eier sehen einander nicht ähnlich, aber die neuen Eltern scheinen das nicht zu bemerken. Wenn das Kuckuckskind schlüpft, ist der Eindringling sehr viel größer und wächst schneller als seine Stiefgeschwister. Er bringt normalerweise die anderen Küken um und wird dann sogar größer als die Heckenbraunelleneltern selbst. Die müssen dann hart dafür arbeiten, um das hungrige Riesenbaby zu füttern.

WEISSBÜRZEL-SALANGANE legen zwei Eier in so einem Abstand, dass das ältere Geschwisterchen das jüngere ausbrüten kann. Diese Vögel legen ein Ei und warten dann fünf Tage, bevor sie das nächste legen, sodass das ältere Küken in der Lage ist, das jüngere auszubrüten. Mehr als die Hälfte der Todesfälle von Salanganenbabys sind dadurch verursacht, dass sie aus dem Nest fallen. Vielleicht ist ein Geschwisterchen, das fünf Tage älter ist als du, nicht gerade der beste Babysitter.

KUHREIHERBABYS töten einander, wenn ihre Eltern nicht hinschauen. Kuhreiher legen zwei bis vier Eier, und die Gruppe der Küken kommt gut miteinander zurecht. Sie teilen ihr Futter und ihre Ressourcen zu gleichen Teilen unter sich auf. Erst wenn ein Kuhreiher groß und stark genug ist, die anderen aus dem Nest zu schubsen, hört das harmonische Miteinander auf. Das verbliebene Küken hat dann das ganze Futter für sich alleine und muss nicht mehr um die Aufmerksamkeit seiner Eltern buhlen.

Der KEA spielt meistens allein. Diese Vögel bolzen gerne mit einem Gegenstand, wobei sie ihren Schnabel oder ihre Füße benutzen.

Nester von ZWERGKOLIBRIS sind kleiner als eine Walnussschale. Zwergelfen sind sechs Zentimeter groß und wiegen so viel wie eine Pennymünze. Ihre Eier sind nicht viel größer als ein Zentimeter und so breit wie ein kleiner Finger. Sie sind die zweitkleinste Vogelart auf der Welt, noch kleiner sind nur Bienenkolibris. Aber ich glaube, die Bienenkolibris bekommen auch so schon genug Aufmerksamkeit und werden langsam arrogant. Also geht es in diesem Abschnitt um die Zwergkolibris.

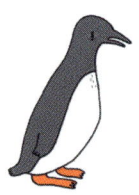

LUMMEN legen nur ein einziges Ei und das am Rand einer Klippe. Diese Meeresvögel leben in überfüllten Gemeinschaften an den Rändern von Klippen. Sie bauen keine Nester, doch ihre Eier haben eine einzigartige Form, dank derer sie in einem engen Kreis rollen (statt in einer Linie oder in einem Bogen). Diese Eigenschaft verhindert, dass die ungeschlüpften Babys versehentlich die Klippe herunterrollen und Hunderte von Metern herunterfallen.

REPTILIENBABYS

Neugeborene KOMODOWARANE klettern Bäume hoch, sodass ihre Eltern sie nicht erreichen und fressen können. Bis zu zehn Prozent der Nahrung eines Komodowarans besteht aus Komodowaran-babys. Um zu verhindern, dass sie ein Teil dieser zehn Prozent werden, verbringen die jungen Reptilien ihre Kindheit in Bäumen, knapp außerhalb der Reichweite ihrer Eltern, die zu schwer sind, um sie dort zu erwischen.

SCHIENENECHSEN bringen nur Mädchen zur Welt. Diese sind Klone ihrer Mutter. Schienenechsen vermehren sich parthenogenetisch, das heißt, dass sie Klone von sich hervorbringen. Einen Klon zu haben ist cool, aber es bedeutet auch, dass 100 Prozent deiner Kinder genetische Probleme, die du vielleicht hast (fettige Haut, Allergien, schlecht in Sport etc.), erben werden. Forscher des Stowers Institute for Medical Research haben herausgefunden, dass Schienenechsen mit einer zweifachen Chromosomenzahl geboren werden, um dieses Problem zu vermeiden. Wenn sie sich fortpflanzen, verbinden diese Reptilien ihre Chromosomen mit den Extrachromosomen, um eine Familie zu zeugen, die ein bisschen diverser ist.

ALLIGATOREN werden mit einem besonders langen Zahn geboren. Alligatorbabys haben einen sogenannten Eizahn, den sie benutzen, um aus ihrer Eierschale hervorzubrechen. Ein Eizahn ist nicht wirklich ein Zahn, sondern eher ein verhärtetes Stück Haut, das vom Körper absorbiert wird, wenn sie ein paar Monate alt sind. Wenn das Wetter besonders trocken ist, kann die Eierschale härter sein als sonst, sodass das Baby es nicht schafft hervorzubrechen und in dem Ei stirbt.

Ein TAIPAN hat genug Gift, um einen erwachsenen Menschen umzubringen, aber sein Maul ist so klein, dass er kaum eine Maus beißen kann. Der Taipan gilt als die giftigste Schlange auf der Welt. Sein Biss enthält genügend Gift, um 100 erwachsene Menschen zu töten, und Taipanbabys haben genauso viel Gift wie ältere Schlangen. Da seine scharfen Fangzähne aber nicht aufs Kauen ausgelegt sind, muss er seine Beute als Ganzes schlucken und so ziemlich alles, was er töten kann, ist zu groß, als dass er es essen könnte.

MEERESSCHILDKRÖTEN orientieren sich beim Schlüpfen am Mond, um zum Wasser zu finden. Babyschildkröten schlüpfen alleine. Da ihre Eltern nirgendwo in Sicht sind, um sie zum Meer zu führen, folgen sie stattdessen dem Spiegelbild des Mondes.

SCHILDKRÖTEN wachsen ohne Eltern auf. Die Aufgabe von Schildkröteneltern ist vorbei, sobald die Eier gelegt sind. Sowohl Schildkröten, die im Süßwasser leben, als auch Meeresschildkröten kommen an Land, um ihre Eier zu legen. Sie vergraben sie und – weg sind sie. Die Schildkrötenbabys brechen aus ihrer Schale heraus, verbringen mehrere Tage damit, sich zur Erdoberfläche vorzugraben, und starten dann allein in die Welt.

KROKODILMÜTTER halten ihre Jungen vorsichtig im Maul. Von allen Tieren können Krokodile am stärksten zubeißen, und Krokodile, die in Salzwasser leben, beißen mit 16.000-mal größerem Druck als Menschen in ihre Nahrung. Aber sie wenden nichts von diesem Druck an, wenn sie ihre Babys tragen. Biologen vom St. Augustine Alligator Farm Zoological Park in Florida maßen die Beißkraft von 23 Krokodilarten, indem sie sie dazu brachten, auf einen Kraftmesser zu beißen, der die von den Krokodilen angewandte Bissstärke maß.

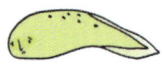

KAULQUAPPEN werden ohne Beine geboren. Es dauert etwa dreieinhalb Monate, bis eine Kaulquappe sich in einen Frosch verwandelt.

SCHWARZE ALPENSALAMANDER leben nur zehn Jahre, sind aber drei Jahre trächtig. Diese Salamander haben eine Trächtigkeitsdauer von zwei bis drei Jahren, abhängig davon, auf welcher Höhe sie leben. Sie bringen normalerweise zwei Nachkommen zur Welt.

Männliche NASENFRÖSCHE brüten ihre Eier im Maul aus. Sobald Darwin-Nasenfrosch-Eier gelegt sind, werden sie von ihrem Vater geschluckt, der alle vierzig Eier in einer Schallblase trägt, in der sie geschützt heranwachsen.

Junge PANAMA-STUMMELFUSSFRÖSCHE schützen sich mit giftigen Hautausscheidungen. Weil diese Sekrete im Laufe der Zeit immer giftiger werden, verstecken sich Kaulquappen und junge Frösche die erste Zeit ihres Lebens über und träumen davon, eines Tages selbst giftig zu sein.

TIGERSALAMANDER, die in dicht bevölkerten Gebieten aufwachsen, haben große Kiefer, um ihre Geschwister fressen zu können. Alle Amphibien beginnen ihr Leben als Ei, woraus dann eine Larve schlüpft, aber bei Tigersalamandern sind zwei verschiedene Larvenformen möglich: normal und kannibalisch. Die kannibalischen Salamander haben größere Köpfe, breitere Kiefer und Zähne, die dreimal so lang sind wie die ihrer harmlosen Geschwister. Während einer Dürre oder in einem überbevölkerten Gewässer sind kannibalische Larven sehr viel häufiger anzutreffen. Wenn das Gewässer austrocknet, sind die kannibalischen Salamander die einzigen, die überleben – wohlernährt durch das Fressen ihrer Brüder und Schwestern mit ihren abnormal großen, scharfen Zähnen.

Die GROSSE WABENKRÖTE absorbiert ihre Eier in ihrer Rückenhaut, bis die Jungen bereit sind zu schlüpfen. Eine weibliche Wabenkröte legt hundert Eier. Ihr Partner hilft ihr, sie an der klebrigen Haut an ihrem Rücken zu befestigen. Ihr Rücken schwillt um die Eier herum an und versteckt sie somit, bevor sie schlüpfen und durch ihre Haut hervorbrechen.

AXOLOTL bleiben immer im Larvenstadium. Axolotl sind neotenisch, das heißt, sie erreichen das Reifestadium, ohne eine Metamorphose zu durchlaufen. Sie werden größer und erreichen schließlich ihre volle Größe, aber sie behalten die ganze Zeit die Eigenschaften einer Larve. Für einen Salamander würde ein Axolotl aussehen wie ein Baby, das so groß ist wie ein Erwachsener.

INSEKTENBABYS UND VERSCHIEDENE WIRBELLOSE TIERE

OHRWÜRMER kümmern sich nur um die Babys, die am besten riechen. Nachdem Ohrwurmbabys geschlüpft sind, verbringen Ohrwurmeltern Zeit mit ihren neuen Familienmitgliedern, sorgfältig an jedem Baby riechend, um die chemischen Signale zu prüfen, die zeigen, wie gesund es ist. Diejenigen, die am gesündesten riechen, werden in einen besonderen Bereich gebracht, wo sie mehr Essen und Aufmerksamkeit bekommen.

KURZFLÜGLER mischen sich in Wanderameisengesellschaften und fressen deren Nachkommen. Wenn es wie eine Wanderameise aussieht, wie eine Wanderameise riecht und mit anderen Ameisen wandern geht, kann es trotzdem ein Kurzflügler sein, der sich in die Gruppe hineingeschmuggelt hat, um Babyameisen zu fressen.

BLATTLÄUSE können alle 20 Minuten identische Kopien von sich hervorbringen. Blattläuse sind winzige, putzige Insekten, die auf Pflanzen und von deren Saft leben. Sie sind parthenogenetisch, das heißt, sie können sich klonen. Und sie sind lebendgebärend, das heißt, sie bringen ihre Nachkommen unmittelbar zur Welt und legen keine Eier. Da sie sowohl parthenogenetisch als auch lebendgebärend sind, können sich Blattläuse unglaublich schnell vermehren. Der Tierexperte Mark Carwardine drückte es im »Natural History Museum Book of Animal Records« folgendermaßen aus: »*In einem Jahr mit unbegrenzter Nahrung und keinen Raubtieren kann eine einzige Blattlaus theoretisch so viele Nachkommen erzeugen, dass sie zusammen 822 Millionen Tonnen wiegen würden oder mehr als zweimal das Gewicht der menschlichen Weltbevölkerung. Die Welt wäre 150 Kilometer hoch von einer Schicht Blattläuse bedeckt. Zum Glück haben sie eine Vielzahl natürlicher Feinde wie Marienkäfer, Netzflügler und insektenfressende Vögel, die sicherstellen, dass die Sterblichkeitsrate bei Läusen sehr hoch ist.*«

KELLERSPINNEN fressen nach dem Schlüpfen ihre Mütter. Sobald die Gruppe von hundert kleinen Spinnen schlüpft, ermutigt sie ihre Mutter, sie lebendig zu fressen. Immer noch hungrig, bleiben die Geschwister für einen Monat zusammen und verbünden sich, um Beute zu töten, die zwanzigmal größer ist als sie. Dr. Kil Won Kim von der Universität Incheon in Südkorea entdeckte einen weiteren Weg, wie Kellerspinnen zusammenarbeiten – die Spinnen zucken gleichzeitig, wodurch sich ihr Netz bewegt und eventuelle Raubtiere verscheucht werden.

Das Erste, was eine HONIGBIENE tut, ist, ihren Geburtsort zu reinigen. Eine Honigbienenlarve beginnt ihr Leben in einer kleinen Zelle in ihrem Bienenstock, wo ihr Augen, Flügel, Beine und all die anderen Dinge wachsen, die eine Honigbiene so hat. Sobald sie alt genug ist, beißt sie ein Loch in ihre Zelle, kriecht heraus und fängt sofort an, ihre soeben verlassene Zelle sauber zu machen.

SCHLEICHENLURCHE benutzen ihre Zähne, um an der Haut ihrer Mutter zu knabbern. Schleichenlurchmüttern wächst eine dicke äußere Haut, und ihre Babys haben zwei Arten von einzigartigen Zähnen: kurze, flache Zähne und lange, hakenartige Zähne. Sie benutzen die flachen Zähne, um die nährstoffreiche Haut ihrer Mutter abzukratzen und zu fressen.

Die Eier von MARIENKÄFERN sind kleine, hilflose Kügelchen. Marienkäfermütter legen ihre Eier auf einem Blatt in der Nähe von Blattläusen ab, damit die Nachkommen nach dem Schlüpfen die Blattläuse fressen können. Wenn es nicht genug davon gibt, ist das kein Problem, denn die neugeborenen Marienkäfer fressen auch einander. Ein weiblicher Marienkäfer legt bis zu 1000 Eier im Jahr.

Larven von MARIENKÄFERN haben überall am Körper Stacheln. Die stacheligen Larven sind schwarz mit roten oder orangen Flecken und sehen eher wie kleine Reptilien aus als wie Marienkäfer.

Während ihrer Verpuppung wächst MARIENKÄFERN eine dicke Haut mit lauter Blasen. Marienkäferpuppen hängen sich an ein Blatt und warten darauf, dass die Natur ihren Lauf nimmt. Innerhalb ungefähr einer Woche verwandeln sich ihre Körper von einer Larve in ein erwachsenes Tier.

Und nach vier Wochen sind MARIENKÄFER voll ausgewachsen. Neue erwachsene Marienkäfer sind hellgelb und werden im Laufe der Zeit leuchtend rot wie ihre Eltern.

GARTENKREUZSPINNEN legen Eier in ein Netz und lassen sie dort allein. Junge Spinnen denken beim Aufwachsen vermutlich, dass sie ihren Eltern egal waren, aber das Gegenteil ist wahr. Eine Gartenkreuzspinne spinnt einen Eiersack für ihre Nachkommen und verbringt den Rest ihres Lebens damit, auf sie aufzupassen. Sie verlässt sie noch nicht einmal, um Nahrung für sich selbst zu besorgen. Schließlich stirbt sie vor Erschöpfung, und ihre Kinder schlüpfen ein paar Monate später.

Wenn sich SCHNECKEN paaren, werden bei manchen Arten beide schwanger. Schnecken sind dazu in der Lage, denn die durchschnittliche Schnecke hat sowohl männliche als auch weibliche Reproduktionsorgane. Alle Schnecken haben das gleiche Ziel: mehr Schnecken hervorzubringen. Sich auf diese Weise zu vermehren ist hilfreich: zweimal so viele Trächtigkeiten, zweimal so viele Schneckenbabys und zwei Schritte näher an der Weltherrschaft der Schnecken.

Der AMERIKANISCHE TOTENGRÄBER baut sein Nest in der Nähe von toten Vögeln oder Mäusen. Wenn der Kadaver des Vogels oder der Maus nicht an dem Platz ist, wo sie ihn haben möchten, arbeiten sie zusammen, um ihn zu bewegen. Sie legen sich auf den Rücken und schieben das Tier mit ihren Beinen. Dann vergraben sie den Kadaver und legen in der Nähe Eier. Wenn die Larven schlüpfen, können ihre Eltern ihnen einen köstlichen verwesenden Kadaver anbieten.

KRAKEN umarmen ihre Kinder, um sie zu putzen. Krakenmütter gehören zu den Eltern, die sich am hingebungsvollsten um ihre Kinder kümmern. Sie passen auf ihre Eier auf, ohne sie jemals für eine Essens- oder Erholungspause zu verlassen. Eine wildlebende Krake in der Monterey Bay verbrachte die bei Kraken längste jemals gemessene Zeit beim Aufpassen auf ihre Eier. Sie beschützte sie viereinhalb Jahre lang ununterbrochen und wurde selbst immer schwächer, während ihre Eier heranwuchsen. Als die Eier 2001 schlüpften, entließ sie sie in den freien Ozean und starb.

SCHWARZE WITWEN ernähren ihre Babys mit einer Flüssigkeit aus ihrem Maul. Die Eltern tun dies, bis die Babys alt genug sind, um ihre Beute einzuwickeln, zu vergiften und ihre Innereien zu trinken.

ZWEIGESTREIFTE QUELLJUNGFERN verbringen die ersten fünf Jahre ihres Lebens vergraben in flachem Wasser. Die Larven schlüpfen in Wasserströmen, warten unter der Oberfläche und häuten sich, bis sie groß genug sind, um das Wasser zu verlassen.

Junge SEESTERNE haben keine Kontrolle darüber, in welche Richtung sie schwimmen. Seesternbabys sind einen Millimeter breit und mit bloßem Auge fast nicht zu sehen.

BEUTELTIERBABYS

Ein neugeborener KOALA ist so groß wie ein Gummibärchen. Koalababys sind klein und hilflos und bei so ziemlich allem von ihrer Mutter abhängig. Die Öffnung eines Koalabeutels ist nicht oben, wie bei einer Hosentasche, sondern unten, sodass die Babys den Kot ihrer Mütter essen können. Eukalyptusblätter sind zu giftig für einen jungen Koala, aber wenn sie durch ihre Mutter vorverdaut und somit schön weich sind, können die Babys sie essen.

BEUTELTEUFEL haben bis zu 30 Babys, die im Beutel ihrer Mutter kämpfen, bis nur ein paar wenige Überlebende herausklettern. Neugeborene Beutelteufel haben die Größe einer kleinen, äußerst gemeinen Rosine. Ein Weibchen bringt bis zu 30 Babys zur Welt, die in ihren Beutel klettern und dort feststellen, dass ihre Mutter nur vier Brustwarzen hat. Nur die durchsetzungsstärksten vier Babys überleben.

KÄNGURUMÜTTER müssen ständig Fäkalien aus ihren Beuteln entfernen. Ein junges Känguru verbringt den ersten Teil seines Lebens im Schutz des Beutels seiner Mutter. Das ist für das Kind großartig, aber nicht so sehr für die Mutter: Sie muss regelmäßig dessen Kot aus ihrem Beutel entfernen, wozu sie ihre Zunge benutzt.

Wenn einem AMEISENIGEL Stacheln zu wachsen anfangen, bringt ihn seine Mutter in einen Bau und besucht ihn nur zweimal die Woche, um ihn zu füttern. Neugeborene Ameisenigel schlüpfen aus maximal zwei Zentimeter großen Eiern und sind zum Zeitpunkt des Schlüpfens noch zum Teil transparent. Wenn ihnen mit acht Wochen die ersten Stacheln wachsen, werden sie aus dem Beutel der Mutter herausgeworfen und ziehen in ein Nest um.

SCHNABELTIERE gehören zu den wenigen Säugetieren, die Eier legen. Säugetiere können verschiedene Größen haben und an ganz unterschiedlichen Orten leben, aber ihnen sind ein paar Dinge gemeinsam: Sie haben warmes Blut, ein Rückgrat und Haare. Sie säugen ihre Babys und bringen diese lebendig zu Welt — außer natürlich diejenigen, die Eier legen. Säugetiere, die Eier legen, werden Kloakentiere genannt, und davon gibt es nur fünf Spezies, die nicht ausgestorben sind: das Schnabeltier und vier Spezies von Ameisenigeln.

SCHWIMMBEUTLER können mit ihren Babys im Beutel schwimmen, da er wasserdicht ist. Nun, da der Beutelwolf ausgerottet ist, sind Beutelratten die einzigen Tiere, bei denen sowohl die Männchen als auch die Weibchen Beutel haben. Der Rand des Beutels eines Weibchens ist mit Muskeln versehen, die es anspannen kann, sodass die Babys darin trocken bleiben und atmen können, während sie schwimmt. Wie du dir sicher schon gedacht hast, steckt die männliche Beutelratte ihre Genitalien in den Beutel, wenn sie schwimmt.

NUMBATS haben keine Beutel, aber ihnen wächst zusätzliches Haar am Bauch, mit dem sie ihre Jungen beschützen und warm halten können. Der Numbat ist eines von wenigen Beuteltieren, die keinen Beutel haben. Junge Numbats halten sich an Haarbüscheln am Bauch der Mutter fest. Wenn sie ein bisschen älter sind, trägt die Mutter ihre Jungen auf dem Rücken.

Neugeborene HONIGBEUTLER sind winzig klein und wiegen weniger als ein Zuckerstreusel. Wenn sie groß genug sind, die Welt auf eigene Faust zu erkunden, wiegen sie so viel wie ein kleiner Schokoladentropfen.

FISCHBABYS

KAMPFFISCHE werden von ihren Vätern aufgezogen, weil ihre Mütter versuchen, sie zu fressen.
Tierexperten weisen darauf hin, dass Kampffische nur die Kinder fressen, die sie auch sehen können. Wenn die neugeborenen Fische etwas haben, worunter sie sich verstecken können, wird die frischgebackene Mutter nicht alle ihre Nachkommen fressen. Nur die meisten.

Das Verhalten von MEERBRASSEN wird von ihrer Clique beeinflusst. Fische haben einen einzigartigen Charakter, aber der ist nicht in Stein gemeißelt. Wissenschaftler des Centro de Ciências do Mar in Portugal untersuchten eine Gruppe von Fischcharakteren. Die Wissenschaftler begannen damit, eine Art Persönlichkeitstest durchzuführen, um zu bestimmen, ob ein Fisch eher mutig oder eher schüchtern ist. Bei mutigen Fischen war es wahrscheinlicher, dass sie aus einem Netz herausspringen würden, bei schüchternen Fischen war es wahrscheinlicher, dass sie aufgeben und still dasitzen. Die Fische wurden dann in Gruppen aufgeteilt und einen Monat lang in getrennten Becken gehalten, ein Becken nur mit schüchternen Fischen, ein Becken nur mit mutigen und ein gemischtes Becken. (In der Studie wird noch ein viertes Becken erwähnt, mit Fischen, die weder schüchtern noch mutig waren und die man irgendwo hintun musste. Diese Fische können wir einfach ignorieren.)

Nach einem Monat untersuchte das Team sie erneut. Die Fische in dem gemischten Becken waren unverändert. Aber ein paar der Fische aus dem Schüchternen-Becken, die einen Monat lang von zurückhaltenden Fischen umgeben waren, begannen mutiger zu werden und Risiken einzugehen. Und ein paar der Fische aus dem Mutigen-Becken, die einen Monat zusammen mit Fischen verbrachten, die versuchten, sich gegenseitig zu überbieten, wurden selbst ängstlicher. Die Wissenschaftler waren sich nicht sicher, warum das so ist.

ZEBRAHAIE legen ihre Eier im Meer und schwimmen dann davon. Zebrahaie sind ovipar. Das ist eine schicke Art zu sagen, dass sie Eier legen. Ein weiblicher Zebrahai kann bis zu 50 Eier legen. Sie befestigt ihre Eier an Korallen oder Steinen und überlässt den Jungtieren, die später daraus schlüpfen, dann mutterseelenallein die Erkundung des Ozeans.

DISKUSFISCHE ernähren ihre Nachkommen mit einem Schleim, der aus ihrer Haut kommt. Nur wenige Fischeltern kümmern sich um ihre Nachkommen, aber Diskusfische gehören dazu. Beide Elternteile sondern einen milchigen Schleim ab, den ihre Kinder essen können. Wissenschaftler vergleichen das Sekret mit Milch, weil es Proteine und Nährstoffe enthält, die den Nachkommen helfen zu wachsen. Aber da Milch aus Milchdrüsen kommt und die milchähnliche Flüssigkeit durch die Haut tropft, ist es nicht wirklich Milch. Bleiben wir daher bei der Bezeichnung »Schleim«.

SEEPFERDCHENBABYS werden manchmal von starken Strömungen weggespült. Nur fünf von 1000 Seepferdchen schaffen es bis ins Erwachsenenalter. Die anderen 995 werden weggespült und landen im offenen Ozean, weit weg von möglichem Seepferdchenfutter und ohne Hoffnung darauf, dass jemand einen Animationsfilm über ihre sichere Rückkehr nach Hause dreht. Um das zu vermeiden, wickeln neugeborene Seepferdchen ihre winzigen Schwänze um Pflanzen, die auf dem Meeresboden wachsen, oder halten sich gegenseitig fest.

LACHSE kehren immer an ihren Geburtsort zurück. Lachse werden in Süßwasserströmen geboren und schwimmen dann ins Meer. Nachdem sie ein paar Jahre lang unterwegs waren und Tausende Kilometer geschwommen sind, entscheiden sie, dass sie genug gesehen haben, und schwimmen an exakt den Ort, an dem sie selbst geboren wurden, um dort Eier zu legen. Ein Team von Wissenschaftlern der Oregon State University hat unlängst entdeckt, dass Lachse das Magnetfeld der Erde benutzen, um sich den genauen Ort zu merken. Im Unterschied zu Zugvögeln, die zunächst mit ihren Eltern das Navigieren üben, bevor sie alleine reisen, haben Lachse niemanden, der sie anleitet, und nur eine einzige Chance, die Reise zu bestehen.

FRANZOSEN-KAISERFISCHE sind niemals allein.
Diese Fische verteidigen ihr Territorium, leben in
Korallenriffen und sind in Paaren anzutreffen.

WAL- UND ROBBENBABYS

POTTWALE wechseln sich beim Babysitten ab.
Pottwaleltern beweisen, dass es möglich ist, alles
zu haben: ein erfüllendes Familienleben und berufli-
chen Erfolg beim Jagen riesiger Tintenfische. Damit
alles einfacher läuft, formen die Wale Babysitting-
gruppen, in denen ein Weibchen auf die Jagd geht,
während die anderen sich beim Aufpassen auf die
Jungtiere abwechseln.

**Die Zitzen von SEEKÜHEN befinden sich unter
ihren Schwimmflossen.** Eine Brustwarze in der
Achsel zu haben ist seltsam, aber auch sehr prak-
tisch. Neugeborene Seekühe bleiben somit nah bei
ihrer Mutter, und wenn Mutter und Jungtier zusammen schwimmen, erzeugen sie weniger Strömungs-
widerstand.

**SCHWERTWALE schlafen die ersten Monate ihres
Lebens nicht.** Neugeborene Schwertwale sind nicht
so liebenswert dick wie andere Tierbabys, und ihr
fehlender Babyspeck bedeutet, dass sie sich ständig
bewegen müssen, um warm und lebendig zu bleiben.

Die Milchzähne von DELFINEN sind fürs Kämpfen ausgelegt, nicht fürs Kauen. Diese süßen Meeressäuger kauen ihr Essen nicht, sie schlucken es ganz. Ihre Zähne benutzen sie dazu, andere Delfine zu beißen. Delfine bekommen ihre ersten Zähne kurz nach ihrer Geburt und haben sie ihr Leben lang.

SEELÖWENBABYS verwenden Sand als Sonnencreme. Seelöwen mögen Sonnenbrand genauso wenig wie andere Tiere.

Junge WALROSSE spielen gerne mit toten Vögeln. Wissenschaftler besuchten eine kleine Insel im Tschuktschensee bei Russland und verbrachten dort einen kalten und bewölkten Monat auf einer Klippe sitzend, um Walrosse zu beobachten. Das Verhalten der Walrosse war nicht viel fröhlicher als ihre Umgebung. Junge Walrosse fanden tote Vögel, die von Raubvögeln fallen gelassen oder vom Meer angespült wurden, und benutzten sie, um zu ringen, fangen zu spielen oder sie umherzuwerfen. Das war der erste dokumentierte Fall, in dem Walrosse mit einem Spielzeug spielen, auch wenn es nicht unbedingt ein Spielzeug war, das ein Mensch aussuchen würde.

SATTELROBBEN können ihre Babys in einer großen Gruppe am Geruch erkennen. Eine Sattelrobbenmutter macht zwölf Tage lang nichts anderes, als ihr Baby zu ernähren, und hoffentlich reicht das auch, denn dann verlässt sie es.

GRINDWALE werden mit Haaren geboren, verlieren sie aber nach ein paar Tagen. Säugetiere haben Haare – und Wale sind keine Ausnahme. Walhaar wächst auf ihrem Kopf und auf ihrem Rostrum, also dort, wo man sich einen Ziegenbart stehen lassen könnte. Der Grund, warum du nicht viele Clickbait-Artikel über die 34 besten Walfrisuren liest, ist, dass Zahnwale (Grindwale, Pottwale, Schwertwale, Kleine Schwertwale und Delphine) diese Haare bald nach der Geburt verlieren.

REGISTER

DANK

Ich danke David Cashion und dem Rest des Teams bei Abrams, besonders Carson Lombardi, Jessica White und Danielle Youngsmith. Danke auch an Duvall Osteen, den besten Agenten der Welt. Vielen Dank an Susan, Kim, Paige, Kieran, Drew, Bryn und den Rest meiner Familie. Danke an Boaz, den besten Menschen, für die Verbesserung meiner Witze und dafür, dass er es nicht eklig findet, wenn ich über Robbenschleim rede, während wir Haferschleim essen. Danke an meine zwei liebsten Plätze in den Niederlanden: Wieden + Kennedy Amsterdam und Kamelenmelkerij Smits. Und einen Dank, der so groß ist wie ein neugeborener Wal, an alle im Internet für die freundlichen Nachrichten, für die süßen Tierfotos, für die Links zu bestürzend traurigen wissenschaftlichen Artikeln. Ich möchte außerdem Amy Sherman-Palladino dafür danken, dass sie *Gilmore Girls* erfunden hat, besonders Staffeln 2 und 3, die ich geschaut habe, während ich an diesem Buch gearbeitet habe.

Das perfekte Mitbringsel

ca. 220 Seiten
Auch als E-Book
erhältlich

Überleben im Mutterwahnsinn: Der Alltag als Mutter ist alles andere als ein Ponyhof – man soll die Kinder liebevoll erziehen, modelmäßig aussehen, Erfolg in einem interessanten Job haben und eine sexy-verständnisvolle Partnerin sein. Zeit endlich mal die Luft rauszulassen. Denn: Supermama gibt es nicht! Anne Nina Simoens liefert in dieser humorvollen Sammlung von Diagrammen, Sprüchen und O-Tönen einen ungeschönten Blick hinter die Kulissen, der jeder Mutter aus der Seele sprechen wird. Beste Unterhaltung für alle Mütter am Rande des Nervenzusammenbruchs!

www.goldmann-verlag.de
www.facebook.com/goldmannverlag

GOLDMANN

Lesen erleben

Das perfekte Mitbringsel

272 Seiten

Gummibärchen sind nicht nur perfekt zum Naschen, sondern gewähren mit diesem Orakel sogar einen Blick in die Zukunft! Denn diese Bärchen lügen nicht. Und so geht's: Mit geschlossenen Augen in eine Tüte Gummibärchen greifen, fünf Bärchen ziehen und die Deutung für eine der 126 möglichen Kombinationen nachlesen. Endlich ganz einfach alles über Liebe, Glück und Karriere erfahren. »Was die Zukunft bringt? Mit diesem Orakel auf jeden Fall sehr viel Spaß!« *Allegra*

www.goldmann-verlag.de
www.facebook.com/goldmannverlag

Das perfekte Mitbringsel

ca. 208 Seiten
Auch als E-Book
erhältlich

Was ist, wenn das Glück an der Tür klopft, aber man gerade zu beschäftigt ist, um aufzumachen? Obwohl wir die Fähigkeit zum Glücklichsein alle in uns tragen, setzen wir im Leben oft die falschen Prioritäten und treffen dann die falschen Entscheidungen. Dieser praktische und motivierende Ratgeber erklärt, welche fünf großen Dinge uns bei der persönlichen Glückssuche im Weg stehen und wie wir sie umgehen können.

www.goldmann-verlag.de
www.facebook.com/goldmannverlag

Lesen erleben